中小户型

创意方案设计 2000 例

◎锐扬图书/编

SMALL FAMILY CREATIVITY PROJECT
DESIGN 2000 EXAMPLES

U0364180

NEW!

卧室 休闲区

中国建筑工业出版社

图书在版编目（CIP）数据

中小户型创意方案设计2000例 卧室 休闲区/锐扬图书编.--北京：
中国建筑工业出版社，2012.9
ISBN 978-7-112-14626-0

Ⅰ.①中… Ⅱ.①锐… Ⅲ.①卧室-室内装修-建筑设计-图集②客
厅-室内装修-建筑设计-图集 Ⅳ.①TU767-64

中国版本图书馆CIP数据核字（2012）第201943号

责任编辑：费海玲 张幼平
责任校对：党 蕾 陈晶晶

中小户型创意方案设计2000例
卧室 休闲区
锐扬图书/编

*

中国建筑工业出版社出版、发行（北京西郊百万庄）
各地新华书店、建筑书店经销
北京锐扬图书工作室制版
北京方嘉彩色印刷有限责任公司印刷

*

开本：880×1230毫米 1/16 印张：6 字数：186千字
2013年1月第一版 2013年1月第一次印刷
定价：29.00元
ISBN 978-7-112-14626-0
(22672)

FOREWORD 前 言

所谓中小户型住宅即指普通住宅,户型面积一般在90m²以下。在建设节能、经济型社会的大背景下,特别是在国内土地资源有限、城市化进程加速发展、房价居高不下的情况下,中小户型已经成为城市住宅市场的主流。

由于中小户型在国内设计中还处于初级阶段,对于中小户型而言,较高的空间利用率显得更为珍贵,户型设计也就更为重要。人们对住宅的使用功能、舒适度以及环境质量也更加关心。中小户型不等于低标准,不等于不实用,也不等于对大户型的简单缩小和删减,在追求生活品质的今天,只有提高住宅质量,提高住宅性价比,中小户型住宅才能有生命力,才会得到消费者的认可。要提升中小户型产品的品质和适应性,应该抓住影响和决定这些指标的要点,通过要点的解析,优化设计,达到"克服面积局限、优化户型"的根本目标。即使面积小,但只要通过精细化设计,依然可以创造出优质的居住空间。

《中小户型创意方案设计2000例》系列图书分为《客厅》、《门厅过道 餐厅》、《背景墙》、《顶棚 地面》、《卧室 休闲区》5个分册,全书以设计案例为主,结合案例介绍了有关中小户型装修中的风格设计、色彩搭配、材料应用等最受读者关注的家装知识,以便读者在选择适合自己的家装方案时,能进一步提高自身的鉴赏水平,进而参与设计出称心、有个性的居家空间。

本书所收集的2000余个设计案例全部来自于设计师最近两年的作品,从而保证展现给读者的都是最新流行的设计案例。是业主在家庭装修时必要的参考资料。全文采用设计案例加实用小贴士的组织形式,让读者在欣赏案例的同时能够及时了解到中小户型装修中各种实用的知识,对于业主和设计师都极富参考价值。本书适用于室内设计专业学生、家装设计师以及普通消费大众进行家庭装修设计时参考使用。

CONTENTS 目录

小户型卧室的设计应注意什么？

多功能的家具是布局小卧室时必不可少的，因为卧室本身的空间不大，用些一物多用的家具能很好地节约空间。比如，放置一件既可以当沙发又可以当床的家具，选购一件既能当书桌又能当书柜的家具，又或者将矮柜、抽屉柜的柜顶当做桌面使用，大柜子既要能放书籍物品，也要能放衣服。这样一来，不仅使那些零散的东西有地方收纳，也可以在视觉上更为整洁。空间布局采用对角线或几何图案设计，将床斜放在房间里，床头靠着墙角，可以让空间看起来大一些，墙面、窗帘、床单、椅套等都采用相同的图案装饰会让人忽略空间的边缘和墙的边界等，也能让空间在视觉上变得开阔。

卧 室
Bedroom

Comment on Design
卧室空间使用不同的形、色、质物品在搭配上软硬互补、浓淡相衬，同样可以做到协调相衬，更能为房间带来趣味。

Comment on Design

卧室中通过混搭暖色元素，能为一个空间增添温馨热情的感觉。

Comment on Design
卧室中的蓝色清澈与白色的安静相
互映衬,有着海一般的梦幻感觉。

Comment on Design

蓝色、粉色、绿色通过暖色调的调和，打造一个鲜亮、活泼的梦幻卧室。

Comment on Design
三幅色彩明艳的葵花装饰
画，点亮了白色调淡雅的卧
室空间。

如何考虑卧室的空间布局？

　　一个卧室的空间布局应该包括以下几个区域，这些功能区应该既有分隔，又相互紧密联系，以形成既互不干扰又和谐、完整的休息空间。

　　睡眠区。这是卧室的中心区，应该处于空间相对稳定的一侧，以减少通行和视线对它的干扰。这一区域主要由床和床头柜组成。床的摆放位置应妥善考虑，方便上下床、整理被褥和室内走动。

　　梳妆区。如果主卧室有专用卫生间，则这一区域可纳入卫生间的梳洗区中。如果卧室没有专用卫生间，梳妆台一般设在靠近床的墙角处，这样，既节约了空间，又可通过镜面使空间显得宽敞。

　　储物区。是卧室中不可缺少的组成部分，一般以储物柜（即衣柜）最为常用。在一些面积较大的卧房中，可考虑设置储藏间，将所有衣物有序纳入这一空间。

　　学习休闲区。主要考虑有些卧室兼有工作、休闲等要求。所以，配以电视、小沙发、书桌、小书柜、座椅等。

Comment on Design

卧室空间巧妙的灯环境，营造了温馨舒适的情调。

Comment on Design
黄色碎花壁纸、黑白红色调的床品、银色的吊灯,卧室中大胆的配色,让我们感受到了这个房间的唯美,浪漫。

Comment on Design
碎花装饰壁纸的墙面，
营造了温馨柔和、具有
浪漫情怀的卧室空间。

Comment on Design

架子床的粉色纱幔, 给简约卧室空间增添了浪漫主义柔情色彩。

如何计算卧室装修的合理尺寸？

　　双人主卧室的最标准面积一般是 $12m^2$。在房间里除了床以外，还可以放一个双开门的衣柜 (120cm×60cm) 和两个床头柜。两张并排摆放的床之间应保持90cm 的距离。两张床之间除了能放下两个床头柜以外，还应该能让两个人自由走动，当然床的外侧也不例外，这样才能方便地清洁地板和整理床上用品。如果衣柜被放在了与床相对的墙边，那么两件家具之间应保持90cm 的距离，这个距离是为了能方便地打开衣柜门而不至于被绊倒在床上。衣柜的高度一般为 240cm，这个尺寸考虑到在衣柜里能放下长一些的衣物 (160cm)，并在上部留出了放换季衣物的空间。

Comment on Design
黑白灰酷感十足的中性色调装饰空间，使卧室简洁鲜明。

Comment on Design
卧室中的灯光是点睛之笔，
多角度、多种形式的灯光使
空间更加丰富多彩。

Comment on Design

在柔和的灯光映衬下，紫色床品和窗帘使卧室增添了浪漫的情调。

Comment on Design
实木装饰的暖色调卧室,在黑白装饰画和黑色台灯的映衬下,增添了一份时尚感。

怎样设计主卧?

　　卧室是最能体现情调的空间。夫妻对卧室环境的期望总的来说是一种心理感受的要求,它必须具备足够的安全感、适度的刺激感及发挥想象的联想感。

　　主卧室放置的家具除了床以外,还应有床头柜、大衣柜和梳妆台等。布置装饰卧室,应本着整洁、美观、舒适、安宁的原则,充分突出其功能性与舒适性,以达到宁静安逸的效果。

　　睡眠区是卧室中最主要的部分。若卧室较为宽敞,可把床居中布置,两边各配床头柜,并安装床头灯,供主人睡前读书看报。

　　梳妆台镜上部的镜前灯,最好安两盏,这样两侧光源不会给脸部造成阴影。卧室地面一般铺木地板或地毯,增加脚感舒适度。

　　在卧室的整体色调上宜采用温和的色彩,在暖色系与中间色系中选择自己喜爱的颜色为基准色。总之,卧室要布置得温馨安宁。

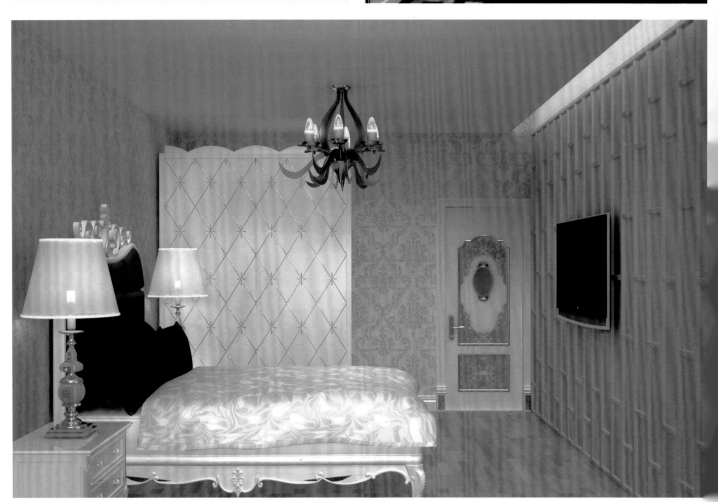

Comment on Design
素雅的卧室空间,整面黄色的电视背景墙成为居室的焦点。

Comment on Design
黑与白的结合彰显个性时
尚，在黄色背景墙的衬托
下，整体色调柔和。

Comment on Design
卧室的灯光照明和装饰为温馨的
暖色调黄色为基调，使室内更具
浪漫舒适的温情。

怎样设计客卧？

　　客卧因为不经常使用，所以在设计上应简洁实用，只需要有舒适的床、灯光、简单家具，使人能够得到充分的休息就可以了。

　　利用空间提高收纳功能。可以设计一些具备收纳功能的空间，将主人不常用的物品全部放在里面，只需要给客人预留一定的放置个人物品的空间，其他的空间都可以充分利用。

　　家具可随时改造搬移。如果家庭成员发生变化，客卧可能需要改造成其他功能的房间，所以，客卧中尽量使用具备灵活改造功能的家具，可以通过变化随时变成婴儿房、书房或者其他房间，大大增加房间的利用率。

Comment on Design
胡桃木饰面的床头背景墙与黑色的羊毛地毯呼应，给卧室一丝沉稳安静的感觉。

Comment on Design
没有过多装饰的卧室，
在个性十足的方形水晶
吊灯的映衬下，更显时
尚而温馨。

Comment on Design
室内布置清爽、有序，
富有时代感和整体美，
体现了现代派所追求的
"少就是多"的简约化
设计。

Comment on Design

卧室里陈设如果相对简单, 宜用家具或墙面壁纸或吊灯来引人注目。

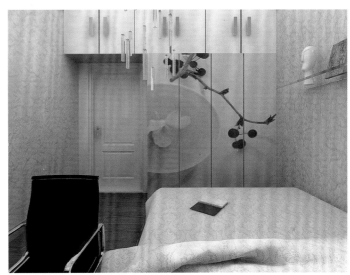

如何设计老人房？

　　老年人房间的装饰设计，必须符合老年人的心理、生理特点。通常情况下，装修老人房应注意以下几点：

　　安装扶手。随着年事渐高，许多老年人行动不便，这时，墙壁上设置的扶手就成为他们的好帮手。

　　空间流畅。对老年人来说，流畅的空间意味着他们行走和拿取物品便捷。

　　家具尽量靠墙而立。高度宜选择低矮的，以方便取放物品。

　　色调稳重优雅。老年人喜欢回忆过去的事情，在居室色彩的选择上应偏重于古朴、平和。

　　隔声良好。老年人好静，门窗、墙壁的隔声效果一定要好，以做到不受外界影响。

　　家具要"圆滑"。老年人一般腿脚不便，为了避免磕碰，日常生活中离不开的家具，应避免选择方正见棱见角。

　　回归自然。在老人房间中要有盆栽花卉，有了绿色植物，房间内就会富有生气，并且绿色植物还可以调节室内的温、湿度，使室内空气更清新。

Comment on Design
卧室是每天休息的场所，挂什么装饰画非常重要，因为它会影响你的心情。挂一幅或几幅看上去特别中意、非常舒服的装饰画尤为重要。

Comment on Design
卧室中很大的落地窗。
清晨起来，被阳光刺得
睁不开眼睛也是一种
幸福。

Comment on Design

灰白色调的卧室空间，彰显主人的个性，形成永远都不会被岁月磨灭的颜色。

Comment on Design
淡蓝色调的卧室电视墙装饰，在人休息的时候对人的中枢神经系统有良好的镇定作用。

卧室装修如何省钱？

　　装修卧室这个功能房间，看起来很难省钱，但依然能在衣柜、凸窗等局部省出一些钱来。例如，利用现成的墙体做简易的衣柜，既省了花销，又能保证其使用功能的实现。凸窗，即使在小户型里，仍然可以借势做成床架，或者用实木板代替传统的大理石材料进行装饰，其效果依然不凡。而在较大户型里，还可利用主卧室、主卫生间和衣帽间之间的局部搭配，省出费用和空间。

Comment on Design
通常灯光会带给人不一样的感觉，特别是卧室的灯光，给人一种向往高雅而和谐的感受。

Comment on Design
卧室内柔软舒适的布艺和造型简洁大方的家具,营造浪漫温馨的卧室。

Comment on Design
黄色调背景墙上四幅黑色装饰画,
使简洁的卧室空间生动起来。

Comment on Design
卧室中红色的床品与
黑色大床搭配，彰显
艺术感、喜庆感，又多
了几分浪漫气息。

如何巧妙利用卧室空间？

　　舒适的卧室，必须让所有物品都井然有序，首先要把床的安置放在第一位。床的两边可以都放床头柜和台灯。床身最好不靠墙，最好是床头靠墙，两侧留出活动通道。要合理摆放家具和衣物，选择延伸性佳的衣柜系列，倚墙而放，然后将常穿的衣服存放在伸手可及之处，其他备用的寝具、过季的衣物和不常用的东西，则可收存于上方的层架上。可在墙角隐藏"S"形挂钩、挂衣架或小收藏箱等，以便多挂些衣服；若橱柜与橱柜之间、橱柜与壁面之间，甚至是梁柱下方，还留有一方小小的置物空间的话，不妨加装层板或放置些矮柜。

Comment on Design

黑色基调的床头背景墙衬托着白色古典风格的大床，突出了欧式风格的典雅与高贵。

Comment on Design
黄绿色调的墙面装饰衬托着色彩鲜艳的装饰画，使卧室空间清新淡雅。

Comment on Design
红色的床品给白色基调
的简约空间带来了一丝
甜蜜的感觉。

Comment on Design

整个卧室墙面以黑白
调的花纹图案装饰，配
合简单搁板和装饰画，
使室内显得简洁利落，
并散发出现代的时尚
气息。

卧室色调设计需要注意什么？

在卧室的色调配置上，常常采用低纯度、高明度的色彩来处理顶棚或墙面等背景部分。选择相对高纯度、低明度的色彩织物及家具，这种选择能够突出主体、扩大空间。卧室的色调主要由家具、墙面、地面三部分组成，首先要在这三部分中确定一个主色调，其次是确定室内的重点色彩，也就是中心色彩。卧室一般以床上用品为中心色，如床罩为杏黄色，那么，卧室中的其他织物应尽可能用浅色调的同种色，如米黄色、咖啡色等，最好是织物采用同一种图案。另外，还可以运用色彩对人产生的不同心理、生理感受来进行设计，以营造舒适的卧室环境。

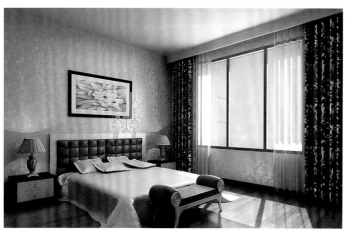

Comment on Design
不同色调、不同肌理、不同材质装
饰的卧室墙面，产生强烈的对比
效果。

Comment on Design
主人房内大红色的印花床品搭
配纯色的家具，卧室的布置十分
温馨。

Comment on Design
浅咖啡色的卧室空间，用黑白色调的靠枕来点缀，打造另类时尚感。

如何通过设计保证卧室的私密性？

　　门扇所采用的材料应尽量厚，不宜直接使用30mm或50mm的板材封闭，如果用50mm板，宜在板上再贴一层30mm面板；门扇的下部离地保持在3～5mm之间。

　　窗帘应采用厚质的布料，如果是薄质的窗帘，也应加一层纱帘。这对减少睡眠时光线的干扰也是有利的。

　　善用帷幔。卧室如果空间很大，可以在床周围设置帷幔。一方面可以遮挡视线，另一方面也可以使床区更加温馨，也有防蚊虫的作用。

　　设置卧室小门厅。有条件的话最好设置一个卧室小门厅，避免一览无余。

Comment on Design
黑白灰色调的卧室空间，体现了居室的魅力时尚。

Comment on Design
和式风格的卧室，实木的典雅、红色的热情，色调的柔和，使居室体现出纤尘不染的气质。

Comment on Design
紫色蕾丝的床品给简约的卧室空间增添了浪漫温馨。

卧室色彩如何选择？

　　卧室大面积色调，一般是指墙面、地面、顶面三大部分的基础色调。家具织物为主色，顶棚颜色宜轻不宜重，而地板的颜色则宜以稍深色为主。家具色彩要注意与房间的大小、室内光线的明暗相结合，并且要与墙、地面的颜色相协调，但又不能太相近，不然没有相互衬托，也不能产生良好的效果。它们的搭配还应根据年龄的不同进行布局，老年人要祥和宁静，大人房要柔和温馨，小孩房要生动活泼。

Comment on Design
白色基调的简约欧式卧室空间，墙面以黄色花纹壁纸装饰并手绘蓝色花朵图案，古典与现代元素的碰撞，使居室更具时尚感。

Comment on Design
紫色是一种天生美丽的颜色，它高贵、雅致、温馨，同时又有宁静的感觉，适用于卧室的装扮。

Comment on Design
卧室空间装饰品的肌理
造型变化多样，活跃了
空间，突出了个性。

Comment on Design
简约的卧室装修风格在视觉
上给人舒适融洽之感。

卧室的顶棚设计应该注意什么？

　　顶棚是一个空间的顶面，它有表现室内高度、收纳梁柱，规划室内空调和灯光，收束墙面，统一室内空间的功能。由于现在楼房的层高普遍不高，所以在顶棚设计时应以尽量争取高度为原则，一般不做全屋吊顶，可以用石膏线或木线条做一个假吊顶。也可以为增强装饰效果，只在沿墙周围做一环形吊顶，里面装暗灯来渲染卧室的温馨气氛。

　　有的楼房设计不太合理，卧室里有突出的梁柱，人睡在下面会有压迫感。这时可将梁柱做虚化处理，尤其是床位的上方，更应保持适当高度。

　　顶棚与墙面之间，可以用角线收边，有类似画框的功能。在顶棚与墙壁的色彩与材料不同时，也具有过渡效果。顶棚的色彩应选用色度弱，明度高的颜色，以增加光线的反射，扩大室内空间感。

Comment on Design
色彩鲜艳的床品使暖色调的卧室空间更加富有灵气和活力。

Comment on Design
一幅粉红色调的抽象装饰
画，使卧室空间热情而富有
活力。

Comment on Design
黄色灯罩的床头灯，
更有助于人的睡眠和
休息。

Comment on Design
白色调时尚温馨不突兀，卧室的白色墙面与白色家具散发出的是淡雅清新的现代简约欧式味道。

卧室的墙面设计有哪些技巧？

　　市场上可用于卧室墙面装饰的材料很多，有内墙涂料、PVC壁纸以及玻璃纤维壁纸等，在选择上首先应考虑与房间色调及与家具是否协调的问题。在选择卧室墙面的装饰材料时，材料的色彩宜淡雅一些，太浓的色彩一般难以取得较满意的装饰效果。面积较大的卧室，选择墙面装饰材料的范围比较广，而面积较小的卧室，以小花、偏暖色调、浅淡的图案较为适宜。

　　当然，卧室的墙面设计还要充分考虑卧室的休息功能，墙面造型以简洁为原则，反光强的材料或雕刻过于繁琐的造型处理都没有必要，否则睡觉时容易产生眩光或幻觉，容易导致失眠。

Comment on Design

白色和咖啡色搭配的卧室空间, 使人有温馨情调。

Comment on Design

白色调为基调，以简单的线条与花纹点缀出欧式的特点，整个空间淡雅而大气，有一种优雅的气质散发其中。

卧室的地面设计

　　卧室的地面饰材以舒适为原则，实木地板和纯毛地毯是首选的两种材料，当然这些材料价格较高，如为了经济实惠，选用合成板材或化纤地毯也比较好。

　　而大理石、花岗石、塑胶地板、地砖等较为冷硬的材质都不太适合在卧室使用，在迫不得已使用了这些材料的情况下，可以用单张的小地毯加以弥补，尤其是床边两侧。有条件的，还可以在床铺位置设计复式地板，以增加舒适感。

Comment on Design

空间较大的卧室宜选用浅咖啡色或带有大花形图案的床品来制造温馨的感觉。

Comment on Design
窗户上有白色透明的轻
柔纱幔，将那凡尘的喧
嚣抵挡在外，给人的感
觉是那样的宁静动人。

Comment on Design
卧室中不需要过多的装
饰, 雅致的格调, 只需
要那份独有的温馨和
安心。

卧室衣帽间的布局怎样设计最合理?

衣帽间在家居中如何布局才可避免唐突生硬?

如果主卧室带有卫浴间,主卧室与卫浴室之间以衣帽间相连较佳,可以让衣帽间功能性极大释放。而有着宽敞卫浴间的家居,则可利用其入口做一排衣柜,再相应设置大面积穿衣镜以延伸视觉,使日常生活更方便快捷。

如果居室恰好拥有夹层布局,则可利用夹层以走廊梯位做一个简单的衣帽间,巧妙地使小空间发挥大作用,使空间每个角落都得到充分利用。

衣帽间的内部形式可根据现有的空间格局设计,正方形的多采用 U 形排布,狭长形的平行排布较好,宽长形的适合 L 形排布。

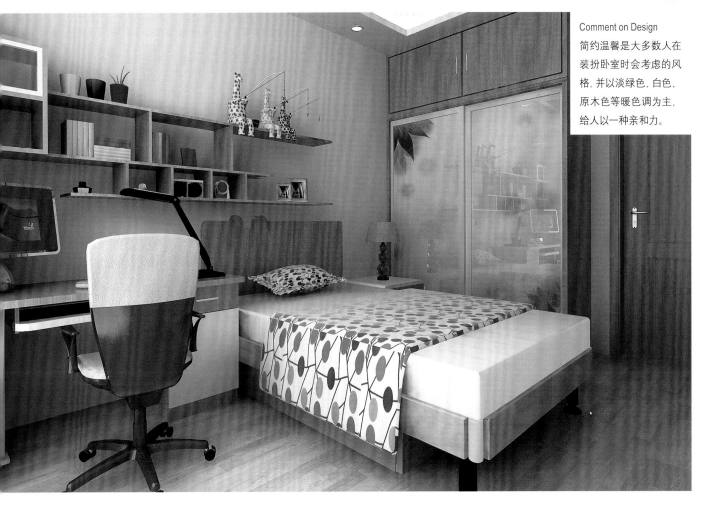

Comment on Design
简约温馨是大多数人在
装扮卧室时会考虑的风
格，并以淡绿色、白色、
原木色等暖色调为主，
给人以一种亲和力。

Comment on Design
简约的卧室设计体现了
主人渴望简单的生活，
远离尘世的喧嚣，让心
停留，得到安慰。

Comment on Design
红色床品、紫色墙面，柔和温暖的
黄色灯光，卧室整体感觉优雅而
温馨。

小卧室衣帽间的设计形式有哪些？

目前流行的衣帽间，主要有以下几种设计形式：

开放式衣帽间。这种衣帽间可以利用一面空墙存放衣物，不完全封闭，优点是空气流通好，宽敞，缺点是防尘差。因此防尘是此类衣帽间的重点注意事项，可采用防尘罩悬挂衣服，或用盒子来叠放衣物。

嵌入式衣帽间：这种衣帽间是权宜之计，比较节约面积，空间利用率高，容易保持清洁。一般来说，卧室中如果能够找出一块面积在 $4m^2$ 以上的空间，就可以考虑请专业家具厂依据这个空间的形状，制作几组衣柜门和内部间隔，做成嵌入式衣帽间。

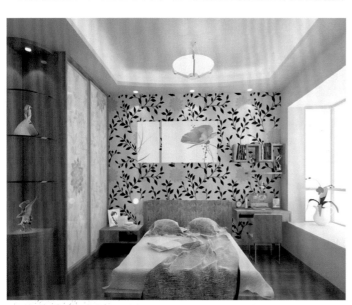

Comment on Design
现代中式风格的卧室空间，咖啡色的床品给人以沉稳、低调的感觉。

Comment on Design

卧室粉色墙面、红色床品,增强了居住者的生活情趣,营造浪漫环境。

Comment on Design
黑色、银色、红色色调的床和饰
品,让卧室的表情更加丰富生动。

卧室吊灯的装饰方法有哪些？

　　吊灯的位置。如果床的位置差不多在卧室中间，一般以床中心作为吊灯位置。如果床需要靠边摆放，吊灯还是在卧室中心更好，甚至可以省去吊灯。如果是四根柱子的床，设计时就要考虑如何避开吊灯。

　　吊灯的高度。卧室吊灯不适合挂得太低，以免在整理床铺时被掀起的被子碰到。如果是在床头两侧，吊灯则可以挂得低一些，这样显得更加有情趣。

　　吊灯的亮度。一个发光球的吊灯可以用瓦数较大的灯泡，此时灯罩最好是磨砂的，这样可以柔化卧室里的光线。如果是多个发光头的吊灯，则每一个灯泡的瓦数尽量小些，避免选择石英灯，石英灯会感觉过于眩目。

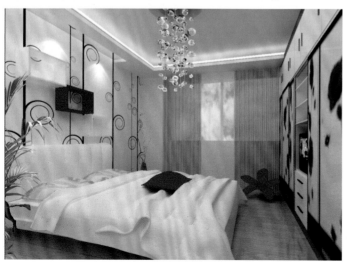

Comment on Design
实木架子床与白色纱幔
在奶咖啡色花纹墙饰的
衬托下，打造了雅致且
浪漫的风格。

Comment on Design

淡绿色床品和装饰画相互呼应，赋予空间清爽舒适、温馨自然的感觉。

Comment on Design
碎花壁纸、紫色的床头背景墙、白色的实木大床, 呈现了简约欧式风格的温馨华美。

卧室的灯光设计应该注意什么？

　　灯光可以巧妙地改变房间的气氛。卧室是休息的地方，除了要提供易于安眠的柔和光源之外，更重要的是要以灯光的布置来缓解白天紧张的生活压力，所以卧室内的灯光应以柔和为原则。

　　卧室的灯光照明可分为一般照明、局部照明和装饰照明三种。卧室的一般照明，在设计时要注意光线不要过强或发白，最好选用暖色光的灯具，这样会使卧室感觉较为温馨。

　　卧室的局部组合照明，例如在睡床旁设置床头灯，可方便阅读。梳妆台和衣柜上设局部照明可方便整妆。但是注意光线不宜过强，要尽量与自然光接近。

　　有些卧室在光源的设计上，仅仅在床头柜上布置两盏台灯，梳妆台上布置两盏小射灯，屋顶上零星布设几盏嵌入式灯，总共三种灯具，但创造出来的环境却是温馨的。当然，巧妙地使用落地灯、壁灯甚至小型的吊灯，也可以较好地营造卧室的环境气氛。

Comment on Design
卧室空间柔和的光线，营造舒缓的环境来为心理减压。

如何设计开放式小型休闲区？

选取客厅一隅，规划一个开放的角落，利用活动隔屏或透明玻璃或只利用木地板架高，都可以凸显空间的层次感，却不会造成空间的压迫感。只要简单布置一张小茶几、几把椅子或几个抱枕，依墙、依窗规划或席地而坐，闲来可随性阅读或邀请三五好友喝喝下午茶，简简单单即可拥有一个独特、自我的休闲空间。

休闲区
Entertainment Room

Comment on Design
休闲区内抽象的墙面肌理图案造型与紫色调的座椅，充实空间也活跃了气氛。

Comment on Design
吧台休闲区内墙面抽
象图案的装饰、绿色
调的点缀，给人清新
自然的感觉。

Comment on Design

走廊一侧空间可以作为休闲区域，墙面的两幅装饰画起到点睛的作用。

如何设计阳台休闲区？

　　阳台作为休闲区，让常青藤类的植物攀爬于阳台上，把游山玩水时带回来的各具特色的小饰品挂于侧墙上，再放上藤艺的茶桌，都可以提升阳台的韵味。这个自然清新的环境虽然并不复杂，却为主人今后的生活提供了一个单独的区域，提供了一个新的场景。

Comment on Design
休闲空间以原色实木地板装饰、抽象的装饰画、个性的陈设品，给人悠然自得的感觉，使空间更加个性时尚。

Comment on Design
仿古地砖、实木线条装
饰、山水画和盆景，这
些都体现了空间的中式
韵味。

Comment on Design

棕色花纹壁纸与实木线条搭配，在个性陈设品的点缀下，营造了大气典雅的空间格调。

Comment on Design

墙面地面的实木装饰, 在暖暖的灯光晕染下, 是整个空间的环境更加舒适。

如何在阁楼里设计休闲室？

　　阁楼上的视听室在家居设计中可算是特殊空间了，因为它比普通的视听室更加强调隔声、吸声效果，同时又要使内部空间环境适合于发挥最佳的音响效果，设计时还需要注意空间的特殊功能性。在设计方案中绝不能遗忘阁楼上视听室最重要的特征，就是电线多，因此必须考虑装修中的隐蔽工程和防火材料。

Comment on Design
实木装饰的地面和地台设计，体现了空间的和式风格。

Comment on Design

暖色调的室内装饰，布艺沙发、
实木地板和家具，使空间更加
舒适温馨。

Comment on Design

吧台休闲区柔和的灯光和色彩配饰，给人神秘幽静的感觉。

如何设计书房休闲室？

　　书房的装修必须考虑安静、采光充足、有利于集中注意力，这一效果需要用色彩、照明、饰物来营造。书房用色应避免强烈刺激，宜采用明亮的白色或灰棕色等中性颜色，色彩不宜太繁杂。书房顶部安装的顶灯或射灯多为装饰用灯，真正用得较多的还是书桌上的照明灯，这类照明灯光线要柔和明亮，过于刺眼的灯光容易造成眼部疲劳。书房要求使人们注意力集中，不应摆放过多的装饰品，以免分散注意力，扰乱人的情绪。装饰盆景不宜选用大盆的鲜花，而应以矮小、常绿的叶类观赏植物为好。

Comment on Design
阅读区域和卧室共用一个空间，用吊顶的形式来划分，使居室空间得到很好的利用。

Comment on Design
简约式空间使主人可以在安静、舒适、休闲的空间享受生活。

Comment on Design
粉色的地毯、碎花窗帘、布艺沙发、藤编小桌,
营造了清新浪漫、温馨自然的休闲空间。

Comment on Design

实木条装饰的顶棚、白色混油隔断和实木地台,打造了简洁大方的休闲空间。

Comment on Design

吧台休闲空间中橙色烛
台状的吊灯、实木吧台
和吧椅,给空间增添了
个性时尚的感觉。

Comment on Design

一组白色花瓣形组合的餐桌椅成为休闲空间的亮点，突出了主人的个性和品位。

休闲室可以恰当地少量制作通透隔断？

　　在休闲室内选择恰当的位置设计小体量的隔断装饰，简洁明快的隔断会反衬出空间似隔非隔的效果。例如，造型可以是小方格或者是其他简单线条的重复，色彩可以选择亚光或者烤漆，给人以单薄、简洁、通透的印象；隔断的正面面积最好不超过墙面面积的1/5，可以在视觉上扩大休闲室的空间。

Comment on Design
简约空间中可以利用空间中的一角来营造阅读和休闲区域。

Comment on Design

吧台休闲区的大理石台面、马赛克装饰的墙面与金属质感的酒杯架，使整个空间充满个性时尚、酷感十足。

Comment on Design

利用走廊过道处来设计休闲区域，充分利用了空间，既实用又美观。

Comment on Design

简单的休闲空间设计,运用了丰富的表现手法,充分体现了韩式风格的温馨舒适。

视听型的休闲室宜摆放什么植物？

　　视听型的休闲室因电气设备较多，电磁辐射多且混乱，宜多放一些绿色植物，如常青藤、芦荟等，它们不仅可以吸收电磁辐射，并且能释放对人体有益的负离子。

Comment on Design

Comment on Design

白色的躺椅、银灰色的条案、绿色调的抽象装饰画、蓝色的纱帘与金光闪闪的陈设品，打造了小资格调的休闲空间。